Henry MICHEL

EDGAR QUINET

CONFÉRENCE

FAITE

A L'UNIVERSITÉ POPULAIRE DE LYON

Henry MICHEL

EDGAR QUINET

CONFÉRENCE

FAITE

A L'UNIVERSITÉ POPULAIRE DE LYON

J'ai été très touché, très honoré aussi en recevant l'appel qu'a bien voulu m'adresser l'Université populaire lyonnaise, par l'entremise de mon collègue et ami M. Ferdinand Buisson.

Vous eussiez tous préféré entendre ce soir la parole de votre président d'honneur, la parole de M. Buisson. Mais vous savez qu'il est en ce moment retenu à la commission parlementaire des congrégations. Il livre pour la République et pour la pensée libre un combat sérieux, difficile, auquel il ne peut dérober une heure de son temps.

L'Université populaire lyonnaise aurait pu trouver, à Lyon même, des conférenciers qui eussent parlé de Quinet avec plus d'agrément, plus d'éloquence que vous ne devez en attendre de moi, et d'une voix moins enrouée. Elle aurait pu faire appel aux professeurs de l'Université de Lyon, dont deux déjà ont eu l'occasion de commémorer le centenaire de Quinet de façon excellente : M. Chabot dans cette même salle, M. Charléty à la Société des Amis de l'Université. Enfin l'Université populaire n'aurait eu que l'embarras du choix parmi ses orateurs habituels, parmi tous ces jeunes maîtres qui lui prodiguent sans compter leurs efforts et leur talent. Je ne nommerai aucun d'eux ; ils sont presque tous sur l'estrade à mes côtés, et je ne voudrais pas mettre leur modestie à l'épreuve de vos applaudissements.

Le seul titre que j'aie à vous parler de Quinet (n'attendez pas de moi un discours apprêté, mais une causerie simple et sincère), c'est d'avoir vécu dans la plus grande familiarité avec sa pensée, depuis deux ans que j'ai pris pour sujet de mes cours, à la Faculté des lettres de Paris, la contribution de Quinet et celle de Michelet à l'idée démocratique. Je me suis rendu compte, à le lire beaucoup, à fond, que la place qui lui a été faite jusqu'ici dans la reconnaissance et l'admiration de la démocratie, si considérable qu'elle soit, n'est encore égale ni à son mérite ni aux services qu'il a rendus. Plus je l'ai étudié, plus je l'ai vu grandir.

Je voudrais retracer, à grands traits rapides, la vie, surtout la vie politique de l'homme dont vous célébrez aujourd'hui la mémoire. J'insisterai un peu plus longuement sur la portée de son œuvre. Et de cette œuvre, de cette vie j'essaierai de tirer la leçon qu'elles renferment.

I

La vie de Quinet se partage en deux périodes nettement séparées par le coup d'État de 1851. La première période est celle de la jeunesse et de la maturité commençante. Elle est remplie par de libres études d'une très riche diversité, et par des travaux très variés qui sont le fruit de ces études. On peut dire que jusqu'en 1830, Quinet, au collège de Lyon, dans sa chambre d'étudiant à Paris, ou sur les bancs de l'Université d'Heidelberg, est uniquement occupé de la formation de son esprit.

C'est un penseur, un poète, qui se cherche encore et qui suit sa fantaisie, sa réflexion, partout où elles le mènent, uniquement jaloux d'apprendre, de comprendre, de créer, sans aucun souci positif de carrière.

La Révolution de 1830 l'arrache à cette recherche exclusive de la culture, pour le jeter, sinon encore dans la bataille politique, du moins dans le conflit des doctrines. La Révolution lui plaît d'abord, parce qu'elle flatte chez lui le sentiment national.

En accourant d'Allemagne, il voit flotter à Strasbourg le drapeau tricolore, et il est profondément, délicieusement ému à cette vue. Mais bientôt le malentendu surgit entre l'instinct populaire et les forces conservatrices et rétrogrades. Le régime de 1830 tout entier a-t-il été autre chose qu'un long malentendu entre le peuple qui avait fait la Révolution, et la bourgeoisie qui prétend en accaparer tous les bénéfices ?

Edgar Quinet, dès le lendemain de la victoire, a le sentiment de ce malentendu. Et le voilà qui se voue à la défense des idées populaires, à la cause du peuple. Cette cause, il la sert par ses livres, par ses brochures, par son enseignement, d'abord à la Faculté des lettres de Lyon, bientôt à Paris au Collège de France. Les années où Quinet a professé au Collège de France (1842-1845) sont les plus lumineuses de sa vie ; celles où son souvenir se reporte plus tard, dans l'exil, avec le plus d'émotion.

Sur un peuple d'étudiants français ou étrangers, groupés autour de sa chaire, qu'entourent aussi des gens du monde, des femmes appartenant à l'aristocratie, il a exercé une action puissante dont le retentissement a duré. Il a pendant ces quelques années allumé de multiples foyers de chaleur et de lumière, qui durant la nuit du second Empire, ont continué de briller, çà et là, et de réchauffer les âmes.

La Révolution de 1848 semble devoir couronner toutes les espérances et toutes les aspirations de Quinet. La démocratie victorieuse décrète le suffrage universel, fait reposer l'établissement social et politique sur la participation égale de tous les citoyens à la souveraineté. Au premier moment, c'est pour Edgar Quinet, qui a pris une part active aux journées de février, qui est entré aux Tuileries avec le peuple, une joie sans mélange. Il est nommé membre de l'Assemblée Constituante, il sera réélu à la Législative. Attendons-nous à le voir heureux, triomphant... Et pourtant, non, le premier moment de satisfaction passé, il s'attriste, il s'inquiète. C'est que l'élan révolutionnaire, en 1848 comme en 1830, a duré bien peu. Très vite, beaucoup plus vite qu'on ne le dit d'ordinaire, la réaction

s'est ressaisie, et on l'a sentie monter dans l'ombre. Quinet n'était pas homme à se payer d'apparences ou de sophismes. Il savait voir, et, chose plus rare, s'avouer à lui-même ce qu'il avait vu, quand le spectacle n'était pas de nature à lui plaire.

Ainsi s'expliquent son isolement et son silence dans les Assemblées. On aurait pu croire que cet homme dont la parole avait remué la foule se ferait une grande place à la tribune? Et pourtant, c'est à peine s'il y monte. Il a parlé à propos de l'expédition romaine, et à propos de la loi Falloux. Il a dit, à ce sujet, de belles et fortes choses, mais ses interventions ont été très rares. On sent qu'il n'a ni espoir ni confiance. C'est qu'il n'est plus en communion d'idées avec ceux qui l'entourent, même dans le parti républicain. Il devine, il pressent les défections, les abandons, les reniements. Et quand le coup d'État survient, s'il est frappé jusqu'au fond du cœur, il n'est pas étonné. Il avait tout prévu. Il avait (comme il le dit lui-même quelque part) dévoré d'avance la honte et la douleur.

Avec le coup d'État, commence la seconde période de la vie de Quinet, la plus dure pour lui, mais pour nous, la plus instructive, et, si j'ose dire, la plus édifiante.

Quinet, proscrit, spolié de sa chaire, part pour l'exil dès qu'il a constaté l'impossibilité de la résistance, et la douloureuse indifférence du peuple de Paris, devant la violence faite à la loi. Il vivra désormais à Bruxelles, puis au bord du lac de Genève, à Veytaux. Il y restera jusqu'en septembre 1870, jusqu'au lendemain de la proclamation de la République. Il est pourtant une date où son exil a légalement pris fin. En 1859, l'amnistie fut offerte par le criminel à ses victimes. Quinet refuse d'en profiter ; je sais peu de pages dans son œuvre qui soient aussi belles que celles où il rappelle *qu'on n'amnistie pas le droit et la justice, et que les défenseurs des lois ne sauraient rien accepter de la main qui a brisé les lois* (1).

A partir de 1859, c'est donc l'exil volontaire. Quinet s'y obstine,

(1) Voir, dans le volume intitulé *Edgar Quinet, Extraits de ses œuvres*, publié à l'occasion du centenaire, page 212.

contre le vœu et le sentiment de ses amis. En 1864, des républicains, des hommes de pensée, des hommes d'action, des hommes que nous trouvons, pendant la troisième République, aux affaires, à la tête du parti dont ils ont été l'honneur, se groupent autour de Michelet, et envoient à Quinet une adresse pour lui demander de rentrer en France. Cette fois encore, il refuse obstinément. Il reste en exil avec Charras, le glorieux soldat qui, s'il avait vécu davantage, eût été l'épée loyale et forte de la République. (*Applaudissements.*) Il reste avec Charras, avec Victor Hugo, hors de France, pour protester jusqu'au bout contre l'Empire. Il ne songe pas à ses aises, il ne songe pas à son légitime désir de vivre sur le sol de la patrie, il ne songe qu'à donner jusqu'au bout l'exemple !

Messieurs, on s'est souvent demandé si Quinet avait eu tort ou raison de prolonger son exil. Il a peut-être eu tort pour lui-même, pour sa réputation, pour sa gloire d'écrivain. Il est bien probable que si ses grandes œuvres historiques avaient été écrites à Paris, sous les yeux de ses concitoyens, elles auraient eu encore plus de retentissement immédiat, et une fortune supérieure. Mais il est hors de doute que, pour l'éducation morale et politique de la génération qui devait venir après lui, Quinet, comme Victor Hugo, a eu raison de s'obstiner dans l'exil. La génération à laquelle j'appartiens était trop jeune encore, à la fin de l'Empire, pour comprendre grand'chose aux événements qui se passaient. Elle a cependant ressenti deux impressions qui sont inséparables l'une de l'autre, et qui sont profondément entrées dans sa conscience. C'est d'abord l'invasion, la guerre, et c'est aussi l'admiration que nous éprouvions pour ces hommes dont nous ne connaissions pas les œuvres, mais dont les noms étaient arrivés jusqu'à nous, pour un Victor Hugo, pour un Quinet. Nous avons compris, grâce à leur protestation persistante, intraitable, invincible, contre l'Empire, qu'il devait y avoir dans ce régime quelque chose d'abominable, avec quoi la conscience ne pouvait pactiser. Et l'invasion nous a fait voir de quel prix les peuples paient l'abandon d'eux-mêmes, le renoncement à leur dignité. Ni l'une ni l'autre de ces impressions ne s'effacera jamais de notre souvenir. (*Applaudissements.*)

Quelle douleur, Messieurs, pour Quinet que ce retour en France, le 5 septembre 1870, après les désastres qui, déjà, annonçaient de la façon la plus certaine l'issue de la lutte ! Quelle douleur, pour un homme comme lui, chez qui le sentiment patriotique, le sentiment de la nationalité formait la base même du tempéramment moral ! Il faut lire sa correpondance, il faut lire le journal que Mme Quinet a tenu pendant le siège de Paris, pour se rendre compte de l'intensité de sa souffrance. Et ici je dois, d'un mot, dissiper une équivoque. Lorsque nous avons demandé que le centenaire de Quinet fût célébré dans la France entière, il s'est trouvé des journalistes pour répondre : « Nous mettons le gouvernement républicain au défi de le faire, parce que si Quinet vivait, il serait nationaliste. »

Messieurs, Quinet nationaliste !

C'est là un outrage, une flétrissure dont nous devons laver immédiatement sa mémoire. (*Applaudissements prolongés.*)

Certes, nul n'a parlé de la patrie et de la nationalité avec plus de force que Quinet. Mais nul n'a parlé avec plus de mépris et d'horreur du militarisme, et qui dit nationalisme, dit aussi militarisme. Les deux mots dans la langue du moment n'en font qu'un seul.

Je ne sais si quelques-uns d'entre vous connaissent les pages du livre de *la Révolution* où Quinet explique pourquoi les armées de la Révolution ont été si différentes de celles de l'Empire, où il met à nu le ressort moral qui mouvait les premières. Ces pages, si vous ne les connaissez pas, je vous engage à les lire. Vous y verrez, précisément, en quoi l'esprit militaire, tel que les armées de 1792, de 1793, de 1795, l'ont connu, diffère de l'esprit prétorien. Vous y verrez pourquoi il est impossible d'admettre que Quinet eût été d'esprit et de cœur avec le parti nationaliste. La tactique habituelle de ce parti est de déshonorer les noms les plus glorieux de la démocratie républicaine. Comme il fallait renoncer à salir le nom de Quinet, on a pris le parti de le confisquer. Ne souffrons pas que la vérité subisse cette violence. (*Applaudissements.*)

Messieurs, au moment où Quinet est parti pour l'exil, et dans les premières années de son exil, il emportait une impression profondément triste : il sentait fléchir sa confiance dans le peuple. Ce peuple à qui il avait consacré sa vie et ses œuvres, il venait de le voir, acceptant le fait accompli, ne faisant rien pour empêcher la main-mise de Louis-Napoléon sur la République. Il venait de voir les ouvriers de Paris, sauf quelques rares exceptions, se désintéresser de la lutte pour le droit. Alors, il s'est demandé si l'œuvre qu'il poursuivait n'était pas vaine, si le peuple « comprendrait » jamais? Et il a éprouvé une impression de tristesse et de découragement dont ses lettres d'exil, et les premiers livres écrits dans l'exil portent la trace.

Cette impression toutefois ne devait pas durer. Bientôt, quelques manifestations du réveil national, du sentiment républicain et démocratique sont venues consoler Edgar Quinet et le raffermir. Les élections de 1863 et celles de 1869 devaient lui prouver que l'esprit public était en train de se ressaisir. Lorsqu'avec la République, au mois de septembre 1870, il a pu rentrer en France, s'il n'avait pas eu à souffrir des tristesses de l'invasion et de celles du siège de Paris, il aurait été heureux. Il ne pouvait pas l'être à l'heure sombre où la France agonisait.

Quinet est envoyé à l'Assemblée Nationale. Il considère que son devoir est de repousser les préliminaires de la paix. Avec Gambetta, avec tous ceux qui ne désespéraient pas de la patrie, il pense qu'il faut combattre encore, il montre les centaines de milliers d'hommes encore valides, les armes, les munitions qui abondent sur les quais de Bordeaux. Mais il ne devait pas être écouté. Il suit, de Bordeaux à Versailles, l'Assemblée Nationale, mais, là, de nouvelles tristesses viennent l'assaillir. Ce sont les inquiétudes qu'inspirent les intrigues monarchistes, et tout le mouvement de réaction auquel l'Assemblée s'abandonne.

Certes, la République vit, mais d'une vie combattue et précaire. L'Assemblée Nationale la subit, la tolère, elle lui refuse une constitution, et Quinet, qui sait comment meurent les Républiques, ne peut dissimuler ses angoisses, non plus que ses colères contre les vieux partis. Plus d'une fois, il lui est arrivé, au cours de ses promenades matinales dans le parc de Versailles, de ne pouvoir retenir ses larmes, à la pensée des périls qui menaçaient la liberté renaissante. Il ne pouvait guère prévoir, en 1871, que la République résisterait à toutes les entreprises tentées contre elle, et que trente ans après sa mort, la France entière célébrerait magnifiquemont le centenaire que nous fêtons aujourd'hui.

Voilà ce que j'avais à vous dire de la vie de Quinet. Vous le voyez, il n'a jamais séparé l'action de l'étude, il n'a jamais pensé que le philosophe, le savant pût et dût s'isoler dans son cabinet, loin de la foule, loin des événements, pour poursuivre, dans une paix inaccessible aux bruits et aux luttes du dehors, son labeur désintéressé. Tous les livres de Quinet, tous ses cours, toutes ses brochures, tous ses articles ont été des actes. Il a ressemblé de très près à ces hommes du xviiie siècle qu'il honorait d'une estime particulière. Les premiers, ils ont senti en France qu'il fallait penser pour le peuple. Comme ils n'avaient pas à leur disposition la parole publique, ils ont usé de la plume. Ils en ont glorieusement usé. Ils ont lutté avec intrépidité pour l'affranchissement de l'esprit humain : Quinet a fait comme eux.

Mais il sait des choses que les hommes du xviiie siècle ignoraient. Il ne peut plus garder, averti par les événements, cette candeur qui est chez eux un trait si frappant. En outre, il diffère d'eux parce qu'il a cessé de rire ou de sourire. Il a remplacé par le « haut sérieux moral », comme il disait lui-même, dans une lettre de jeunesse, l'ironie légère et le sarcasme. A cela près, il est vraiment l'héritier et le continuateur de ces hommes, de l'un d'eux surtout, de Condorcet, qui, sur tant de points, a frayé la voie où marche Quinet.

La séparation de l'étude et de l'action, pendant les vingt ou vingt-cinq années de paix qui ont suivi la guerre, nous l'avons tous crue possible, et même nous l'avons tous crue désirable.

Il nous semblait qu'une sorte de division du travail s'imposait dans ce pays, que nous tenions tant à relever. Il nous semblait que le savant, l'historien, le philosophe pouvait impunément s'absorber dans ses recherches, et qu'il appartenait à d'autres, aux hommes politiques, de veiller sur nos libertés, de même qu'il appartenait au soldat de veiller sur la frontière mutilée. Cette combinaison, si sage en apparence, a été bouleversée, condamnée par la crise qu'a subie naguère la conscience française. On a vu, à ce moment critique et décisif, un grand nombre d'hommes d'étude et de pensée sortir du calme où ils s'étaient enfermés jusqu'alors, se jeter énergiquement, résolument dans la mêlée, et apporter le secours de leur pensée, de leur parole à la cause vaincue, qui leur paraissait digne d'une revanche éclatante. Il s'est scellé de nouveau, à ce moment, entre la pensée et l'action une alliance étroite, et que rien ne rompra désormais. (*Applaudissements.*)

II

J'arrive, Messieurs, à l'œuvre même de Quinet. Si on la considère de haut, cette œuvre porte sur deux points essentiels. Pour dégager ces points, il me faut renoncer à suivre Quinet dans les domaines si variés où il a porté ses puissantes qualités d'esprit. Je laisse de côté l'écrivain, l'historien politique, l'historien des religions. Je m'attache à définir le rôle du penseur, du penseur religieux, du penseur politique. Et je considère uniquement la lutte qu'il a menée contre l'Église, et la lutte qu'il a menée pour l'école laïque, pour la fondation d'une morale laïque destinée à remplacer dans sa pensée la morale religieuse. Sans qu'il ait d'ailleurs songé un seul instant à priver les âmes qui s'y complaisent des consolations que leur apporte une croyance positive, Quinet a écrit pour les esprits libres, pour les âmes affranchies.

Pourquoi s'est-il attaché à combattre l'Église? Je ne m'excuse pas de parler avec entière franchise, au risque de blesser peut-être quelques auditeurs. Il n'est pas possible de traiter à demi-mot de pareils sujets. J'espère, du reste, que mes paroles ne feront de peine à personne, précisément parce qu'on y sentira une sincérité absolue. Seule, la polémique légère et haineuse est blessante. La conviction loyale n'a jamais paru injurieuse à une âme. (*Applaudissements.*)

. Je cherche donc les raisons qui ont conduit Quinet à combattre l'Église.

Ce n'est pas le moins du monde qu'il ait été un sceptique, un homme à qui les affirmations morales, les affirmations. religieuses paraissent impossibles, ou pénibles, ou encore mauvaises. Quinet a été, au contraire, un esprit profondément croyant, une âme très sincèrement, quoique très librement religieuse. Il ne s'est pas attaqué à la religion. Il s'est attaqué à l'*Église catholique*, parce qu'il a cru voir en elle (c'est la pensée maîtresse de ses cours au Collège de France, et de sa vie tout entière) un instrument destiné à tarir dans l'âme humaine la source des créations religieuses. Par son dogme, par sa discipline, par son enseignement, l'Église, au dire de Quinet, représente l'esprit de mort en lutte, souvent victorieuse, contre l'esprit de vie. (*Applaudissements.*)

A côté du grief religieux — les deux sont d'ailleurs étroitement liés — le grief politique. Quinet estime que le catholicisme rend les âmes incapables de comprendre et de conserver la liberté politique.

Il a étudié l'histoire des nations catholiques, l'histoire de l'Italie, l'histoire de l'Espagne, l'histoire de France. Il lui a semblé que, chez ces nations, la liberté politique n'a pas réussi à s'établir, ou que s'étant établie, elle n'a pas réussi à se maintenir, parce que les révolutions politiques, qui donnaient cette liberté, manquaient d'une révolution religieuse qui eût renouvelé l'âme elle-même. Or, si l'âme ne change pas, rien ne change. Il a semblé à Quinet que la France, en particulier, avait manqué sa voie au xvi⁰ siècle, ensuite au xviii⁰, et ensuite sous la Révolution, en négligeant d'opérer cette révolution religieuse. Sur ce point, les travaux les plus récents ne contredisent en rien la pensée de Quinet. Ils la confirment plutôt. Ils nous montrent la Révolution française n'ayant pas le courage de sa propre doctrine, et s'inclinant devant l'Église, faute d'avoir été suffisamment préparée par le xviii° siècle à une lutte décisive. Et c'est pour avoir été incapable d'entreprendre cette lutte décisive, que la Révolution française, au jugement de Quinet, a échoué. Elle a échoué parce qu'elle a refait les institutions sans avoir transformé l'âme nationale. Aussi qu'est-il arrivé? A maintes reprises, au cours du xix° siècle, les institutions libres ont été emportées. Les résultats politiques eux-mêmes ont disparu. Tout autre aurait été le cours de notre histoire, si la liberté politique avait eu pour support la liberté spirituelle, l'affranchissement de la conscience. (*Applaudissements.*)

Cette révolution religieuse, qui a manqué au xvi° siècle, qui a manqué au xviii° siècle et à la Révolution elle-même, Quinet a pensé que la France du xix° siècle était encore en état de l'entreprendre. Et c'est là le sujet du livre le plus pénétrant, le plus hardi, et à certains égards, le plus neuf qu'il ait écrit : *la Révolution religieuse au XIX° siècle.* Quinet dans ce livre essaie de montrer comment il est possible de lutter, et de lutter avec succès, contre l'Église. Mais avant d'exposer la pensée de Quinet sur ce point, je dois rappeler les circonstances particulièrement délicates et difficiles qui rendent cette lutte nécessaire. Ces circonstances sont, aujourd'hui encore, les mêmes que du temps de Quinet, et quelques-unes des paroles qu'il a prononcées en 1856 et 1857 sont encore de mise à présent.

La situation est très difficile et très délicate, parce qu'il ne s'agit pas de lutter contre une Église qui se tiendrait en dehors de la vie du siècle. Il s'agit de lutter contre une Église qui a emprunté au monde moderne quelques-unes des armes primitivement forgées contre elle, mais qu'elle est devenue habile à manier : vous avez nommé les diverses libertés, la liberté d'enseignement, la liberté d'association, la liberté de la presse. Il s'est produit, entre 1840 et 1850, une évolution assez singulière, sinon dans l'Église, du moins chez ses défenseurs laïques, évolution féconde en résultats, et de nature à causer à la démocratie contemporaine de sérieux embarras.

Les hommes du xviii° siècle s'étaient figuré qu'il suffirait de faire appel à la liberté, pour que la raison triomphât nécessairement du dogme. Ils avaient cru que le catholicisme allait périr sous les coups de la raison. Et c'était une illusion très naïve. D'abord les religions ont la vie tenace. Elles durent infiniment plus que ne le croient leurs adversaires. Elles se survivent à elles-mêmes, durant des siècles, dans les habitudes ou les mœurs. Puis la raison n'a de prise réelle ni sur la foi, ni sur le dogme. Les hommes du xviii° siècle avaient nourri une autre illusion. Ils s'étaient imaginé que l'Église avait tellement horreur de la liberté, que jamais elle ne songerait à en user pour se défendre. Ils se sont trompés deux fois ! La pensée libre n'a pas triomphé du catholicisme, et l'Église, par un mouvement aussi habile qu'audacieux, très légitime du reste (et je ne lui reproche pas, pour ma part, de l'avoir accompli), l'Église s'est retranchée derrière certaines libertés, comme dans une forteresse. C'est Lamennais, c'est Montalembert qui ont conduit ce mouvement.

Il faut lire, pour en bien comprendre la portée, un petit livre qui date de 1852, *les Intérêts catholiques au XIX° siècle*. Montalembert, dans ce livre, a fourni une démonstration qu'on oublie trop aujourd'hui. Si on la connaissait mieux, on serait moins surpris du spectacle qu'offre la vie nationale dans notre pays, et la vie politique en particulier. Il se demande qui a profité le plus de la Révolution française ?

Oui, il examine ce qui s'est produit dans le monde depuis 1789, et il se demande qui a profité de la Révolution ?

Est-ce la libre-pensée ? Non.

Est-ce la démocratie ? Non.

Il n'y a eu qu'un triomphateur, qu'un vainqueur, c'est l'Église catholique. Un des chapitres de ce livre est intitulé : *Que le catholicisme seul a profité des crises de la société moderne.* L'auteur compare la situation de l'Église, non seulement en France, mais en Europe, à la fin du xviii° siècle, et au milieu du xix°; et il n'a pas de peine à montrer que cette situation, humiliée, amoindrie à la première des deux dates, est, à la seconde, agrandie et florissante. N'oubliez pas que ce chapitre a été écrit au lendemain du vote de la loi Falloux, et alors que les effets de cette loi commençaient à se faire sentir, cent fois plus importants que ne l'avaient cru les auteurs de la loi. *Notre* malheur passait *leur* espérance ! (*Applaudisse-ments.*)

Voilà, Messieurs, ce que Montalembert avait vu, et bien vu en 1852, et ce que Quinet avait compris. Montalembert s'en félicitait comme catholique, et Quinet s'en alarmait. D'autres trouvaient plus facile de reprocher à Montalembert une jactance insupportable, un optimisme ridicule.

Ils ne voulaient pas, ils ne savaient pas s'effrayer. Quinet, lui, qui prenait toutes choses au sérieux, ne voyait que trop de motifs d'avoir peur. Peur pour qui ? Non pour lui-même, certes, non pour ses idées, non pas même pour le triomphe ultérieur et final de ses idées. Mais peur *pour la liberté.* Et c'est alors qu'il a posé une question qui demeure, aujourd'hui encore, de la plus vivante, de la plus poignante actualité : *La liberté est-elle purement et simplement le droit d'en finir avec toutes les libertés ?*

Voilà, Messieurs, la formule de Quinet, et je dis que cette formule domine encore, à l'heure qu'il est, la situation politique, la situation morale, et la situation religieuse de la démocratie. (*Applaudissements.*)

A propos de la liberté de l'enseignement, à propos de la liberté de la presse, à propos de la liberté d'association, à propos de toutes les formes de la liberté, la démocratie française, moins candide que la société du xviii° siècle, et plus avertie doit se demander s'il est possible de les accorder sans restriction et sans réserve aucune, de façon absolue, à ceux qui sont les adversaires naturels de la liberté tout court ? De là, cette recherche anxieuse et laborieuse des mesures légitimes à prendre pour assurer, même à ces adversaires de la liberté, l'usage de toutes les libertés — ils y ont droit, en tant qu'hommes et citoyens — sans que se trouve mise par là en un trop grand péril la liberté elle-même ?

Je viens de rappeler les circonstances qui rendaient grave et critique la question posée par Edgar Quinet, dans son livre sur *la Révolution religieuse au XIXe siècle*. Voyons maintenant comment il a cru pouvoir trancher cette question. S'est-il imaginé que la France du xixe siècle pouvait faire ce que n'avait pas fait celle du xvie et celle du xviiie, c'est-à-dire changer de religion, changer d'Église, en masse, d'un seul coup ? Ou bien s'est-il imaginé que la pensée libre allait triompher intégralement, et conquérir toutes les âmes ? Non. Quinet n'a pensé rien de semblable ; mais il a pensé qu'il existe en France une foule de gens qui appartiennent de naissance, sans lui appartenir ni de cœur ni de foi, à la religion catholique, et qui sont pourtant des démocrates, qui veulent que la démocratie soit grande et forte. S'ils persistent à demeurer dans l'Église catholique, à y demeurer en incrédules, mais en conformistes, qui se marient religieusement, qui font enterrer leurs morts religieusement, non parce qu'ils attachent le moindre sens à ces pratiques, mais parce que cela se fait autour d'eux, et qu'ils ne veulent contrarier ni leurs proches ni leur monde, ils fortifient l'Église sans le vouloir. Ils fortifient la situation politique de l'Église. Ils lui livrent les destinées de la démocratie et celles de la liberté.

Alors, que faire ? Quinet dit à ces gens, — non pas encore une fois aux croyants, non pas à ceux qui attachent un sens aux mystères de l'Église, mais aux indifférents, aux détachés, à ceux qui ne sont plus catholiques que de nom, — il leur dit : « Le moment est venu pour vous de rompre avec l'Église catholique, et surtout de lui refuser vos enfants. Sortez ! — Mais pour aller où ? Pour aller où vous voudrez, où vous pourrez. Bien des portes s'ouvrent devant vous. Que ceux qui se sentent assez près de la pensée protestante, cherchent dans les diverses Églises protestantes une culture religieuse et morale à l'usage de leurs enfants. Que ceux qui sont gagnés déjà à la philosophie et à la pensée libre, aillent franchement à la philosophie et à la pensée libre. Il n'est ni nécessaire ni désirable que tous suivent la même voie. Mais *il est urgent que ceux qui ont cessé de croire cessent d'agir comme s'ils croyaient encore.* Il est urgent que cessent le mensonge personnel et le mensonge social, le mensonge familial, le mensonge · qui fait que des parents fermés à toute idée religieuse, à tout sentiment religieux, abandonnent ou plutôt donnent leurs enfants à l'Église. »

Sans doute, il y avait quelque chimère dans la conception de ce grand exode, et Quinet devait succomber sous le feu croisé de toutes les Églises, de celle à laquelle il prétendait enlever des adhérents, et de celles auxquelles il prétendait en amener; celles-ci ne les acceptant qu'à titre de pis-aller et, pour ainsi dire, d'expédient éducatif à l'usage des enfants.

Il n'entre pas dans mon sujet de suivre la fortune de l'idée de Quinet. Mais je dois insister sur la part de vérité qu'elle renferme et que voici :

Quinet dénonce le piège et la vanité de l'unité religieuse. Il ne cherche pas, il ne veut pas que personne cherche une formule de nature à mettre tout le monde d'accord. Il ne veut pas qu'on attende le moment où un novateur religieux aura trouvé ce qui a échappé jusqu'à présent à l'effort moral des hommes, le symbole qui les réconcilie tous. Il accepte, il requiert même la plus grande variété possible des croyances et des opinions. Sur les ruines de tous les dogmes, il ne veut, pour parler son propre langage, élever qu'un seul dogme, le dogme « liberté » ! Liberté spirituelle illimitée, avec sa conséquence inévitable, qui est la dispersion à l'infini, condition et gage de la sincérité absolue.

Nous n'avons traité jusqu'ici que de la partie négative de l'œuvre de Quinet. Il nous faut maintenant en examiner la partie positive. Elle tient, elle aussi, tout entière dans une idée : la *fondation de la morale laïque,* destinée à remplacer, pour tous ceux qui ont secoué le joug, les morales confessionnelles.

Messieurs il ne suffit pas à Quinet que l'âme s'affranchisse. Il demande que l'âme, après s'être affranchie, sente et reconnaisse ses obligations. Il n'y a pas de société sans obligations, seulement les obligations varient, dans une certaine mesure, selon le principe sur lequel reposent les sociétés. Chaque société a le sien, et c'est la première tâche du penseur que de reconnaître, de définir le principe de la société dans laquelle il vit.

La société antique avait pour principe l'unité morale. Tous les hommes dans la société antique étaient censés penser la même chose, croire les mêmes choses. Puis le christianisme est venu, qui a brisé cette uniformité, et qui n'a pas hésité à faire appel à la spontanéité religieuse de l'individu. La croyance a été soustraite à l'empire de la force, et la diversité a fait son apparition. Non qu'elle fût dans le plan du christianisme, mais elle était dans sa logique. De là devait naître la tolérance, qui a longtemps couvert les dissidences inévitables, les dissidences croissantes, même dans une société qui, une fois chrétienne, en immense majorité, a repris pour le compte de la croyance dominante le rêve d'hégémonie et d'unité dont se berçaient les anciens. La tolérance a été la règle et la sauvegarde de la société moderne, aussi longtemps qu'il y a eu une religion officiellement dominante ; mais elle a fait son temps, comme l'unité morale.

La diversité n'a cessé de croître et la tolérance ne suffit plus. Il faut à notre temps l'amour des citoyens les uns pour les autres, quelle que soit leur croyance ou leur incroyance, et Quinet va plus loin : l'amour des confessions les unes pour les autres.

Cet amour, ce ne sont pas les confessions qui peuvent l'enseigner. Il se trouvera bien peut-être un clergé pour prêcher la tolérance mais non pas pour prêcher l'amour du clergé adverse. Est-ce Luther, demande Quinet, qui enseignera l'amour du pape ? Est-ce le pape qui enseignera l'amour de Luther ? Est-ce le juif qui enseignera l'amour du catholique ? Est-ce le catholique qui enseignera l'amour du juif ? Non, la *société laïque seule* peut enseigner le principe sur lequel elle repose ; seule, elle dira à tous ses membres, d'où qu'ils viennent, quoi qu'ils pensent, la parole qui fera tomber toutes les défiances et les haines. Elle leur répétera la parole sacrée, plus admirable que jamais dans sa bouche : Aimez-vous les uns les autres...(*Applaudissements.*)

Non seulement la société laïque est seule en état d'enseigner l'amour réciproqne, mais elle *doit* l'enseigner. C'est pour elle une obligation stricte, car elle ne subsistera qu'à la condition d'assurer la victoire de son principe.

Et c'est sur cette obligation que Quinet a fondé le droit de l'État à ouvrir des écoles, où ce principe sera l'âme même de toute la culture. Écoles qui rempliront une tâche auguste et indispensable. Car le premier mouvement n'est pas l'amour des confessions les unes pour les autres. Instinctivement, on se défie plutôt de qui pense autrement qu'on ne pense soi-même, de qui fréquente une autre église. Cette défiance instinctive est entretenue, nourrie, développée par les Églises elles-mêmes, soit de propos délibéré, soit sans qu'elles le veuillent, et par le seul effet de la concurrence qui est entre elles, et des torts qu'elles s'imputent. Il y a donc lieu de lutter contre cette disposition à l'hostilité, de la vaincre. L'École y pourvoira : l'école publique, l'école laïque, expression de la société de notre temps.

Dans les préoccupations de Quinet, c'était l'école primaire dont il s'agissait uniquement. Il croyait, et d'autres l'ont cru longtemps (on le croyait encore il y a une dizaine d'années), que l'école primaire suffirait à remplir cette tâche, qu'il suffirait de former à ces leçons des enfants de onze à douze ans, pour les gagner à jamais à la cause de l'amitié nationale et interconfessionnelle.

Ni Edgar Quinet, ni ceux dont il a été le maître, un Jules Ferry par exemple, n'avaient deviné ce que les événements nous ont appris, à savoir que des enfants de douze à treize ans, quand ils quittent l'école, sont repris par d'autres influences qui ne s'exercent pas toutes, tant s'en faut, dans le même sens que celle de l'école. Influences plus puissantes que celle de l'école elle-même, parce qu'elles atteignent non plus de tout jeunes esprits, mais presque des hommes.

Cette vérité, on est arrivé à la comprendre. Et voilà pourquoi depuis une dizaine d'années, et plus particulièrement dans ces dernières années, ce qui a fait le souci des amis de la démocratie, ce n'est plus seulement l'école primaire, mais l'ensemble des œuvres post-scolaires.

J'ajouterai, Messieurs, une autre observation. Il ne suffit pas que l'école primaire et les œuvres post-scolaires donnent seules l'enseignement de la morale laïque, de la morale d'amour réciproque. Il faut que tous les maîtres, où qu'ils professent au nom de l'État, et à quelque titre que ce soit, donnent ce même enseignement ; car il n'est pas moins utile à la partie de la jeunesse qui a le privilège de poursuivre plus loin ses études, qu'aux élèves de l'école primaire.

Il faut que le collège, le lycée, l'Université s'ouvrent à cette influence. Ils ont, certes, à enseigner d'autres matières que la morale laïque. Mais leur enseignement ne vaudra rien, et manquera le but, s'il n'est pénétré de l'esprit qui anime cette morale ; s'il ne fait passer dans les âmes le principe dont elle vit ; s'il ne sait, à sa façon, redire à ceux qui demain seront la France : « Aimez-vous les uns les autres. » (*Applaudissements.*)

Devant cet auditoire qui compte, à côté d'instituteurs et d'institutrices, tant de professeurs des lycées de garçons et des lycées de filles, c'est le cas ou jamais de rappeler la vanité de la distinction, commode au point de vue administratif, qui existe entre ce qu'on appelle l'enseignement primaire, l'enseignement secondaire, l'enseignement supérieur. Il n'y a *qu'un* enseignement public, et tous ceux qui le donnent, tous ceux qui tiennent de l'État, de la République, la charge d'enseigner, tous ceux-là, dis-je, sont également et d'abord des *professeurs de morale*. Tous ils sont comptables envers la patrie, envers la démocratie, des âmes qui leur sont confiées, et qu'ils doivent rendre meilleures, élargies, plus vraiment humaines.

III

Mesdames, Messieurs, j'ai essayé de dire ce qu'a été Quinet, ce qu'a été son œuvre. Mais il me semble pourtant que, si je n'ajoutais pas un mot, j'aurais omis quelque chose d'essentiel. Le grand ami de la démocratie qu'a été Quinet n'a pas eu seulement en vue son règne politique, son émancipation religieuse. Il a poursuivi aussi, il a tâché de lui procurer l'élévation morale ; il a mis son règne politique à ce prix. Et il a montré, avec une force incomparable, que la démocratie, pour remplir sa destinée, pour la mériter surtout, devra *ne pas ressembler à la bourgeoisie*. Car Quinet avait compris mieux que personne la faiblesse, l'insuffisance de la bourgeoisie qui, sans doute, avait commencé par rendre de très grands services à la société moderne, mais qui, bientôt, enivrée de ses privilèges et jalouse de les garder pour elle seule, s'était séparée du peuple, et avait refusé de travailler pour lui.

Quinet a flétri la bourgeoisie de son temps en des termes que je demande la permission de rappeler :

« Si la bourgeoisie avait une mission dans le monde c'était assurément de devenir le guide, l'instituteur, ou plutôt l'organe, la tête du peuple. C'était là une mission sacrée pour laquelle elle avait reçu l'intelligence, la science, l'expérience du temps passé... L'occasion était belle. Il s'agissait de préparer, d'inaugurer l'avènement de la démocratie dans le monde européen. Qui n'eût cru que la grandeur de cette œuvre allait agrandir, relever tous les esprits ? Loin de là, à peine parvenue à posséder l'autorité, la bourgeoisie s'en est infatuée comme tous les pouvoirs qui l'ont précédée ; mais elle se laisse fasciner plus vite qu'un individu. Elle ne voit pas, elle n'entend plus la nation.... Elle se répète à son tour, par mille bouches : L'État c'est moi. Elle ne fait pas qu'oublier le peuple, elle s'en empare... »

« Quand la bourgeoisie a essayé de se rapprocher du peuple, cela s'est appelé défection. Quand le peuple a essayé d'entrer dans la bourgeoisie, cela s'est appelé sédition. On a tracé un cercle fictif dans lequel a été renfermée la vie publique : hors de là, rien n'existe et tout est nul : jeunesse, vie, enthousiasme, espérance d'un monde meilleur, tout cela, ils le nomment *passions mauvaises.*

« En s'associant à la transformation sociale qui se prépare, la bourgeoisie peut encore la régler par l'intelligence et la faire entrer dans les voies modérées de la civilisation, au lieu qu'en tout refusant, le déchirement est inévitable... La bourgeoisie a reproché à l'ancienne royauté d'avoir opposé une résistance implacable à l'esprit de son temps et d'avoir amassé par là une révolution également implacable. Qu'elle se garde de tomber dans la même faute (1). »

Messieurs, cette page a été écrite en 1841, elle se réfère à la situation politique du temps, elle caractérise la bourgeoisie *censitaire*. Mais si nous laissons de côté les circonstances historiques, n'est-il pas vrai qu'il y a là, outre un accent de sincérité, de vérité, qui frappe et qui pénètre, des reproches que la bourgeoisie de notre temps mérite toujours? (*Applaudissements.*)

Je veux mettre immédiatement en regard de cette page sur la bourgeoisie, une autre page de Quinet sur la démocratie. Elle est aussi sévère que la précédente, car il y a ceci d'admirable dans Quinet, qu'étant le plus grand ami que le peuple ait eu en ce siècle, il a été plein de sincérité à l'égard du peuple. Il lui a dit souvent de dures vérités; jamais il ne l'a flatté. Écoutez plutôt ces paroles :

« Si j'étais convaincu que toute la pensée de la démocratie fût de briguer la bourgeoisie, ou seulement de bien vivre, d'avoir un pain meilleur, de s'engraisser à son tour pour s'endormir dans la même incurie, de ne plus jamais souffrir ni le froid, ni le travail, ni la faim, sans doute je compatirais à de tels souhaits, mais sans m'inquiéter ni m'effrayer beaucoup de l'avenir d'hommes qui sauraient si prudemment circonscrire la nature humaine ou la nature physique ; et comme j'aurais plus d'une fois souffert les mêmes maux, j'attendrais, je demanderais d'eux la même patience. Oui, si je pensais que la démocratie n'eût rien autre chose à faire qu'à augmenter et imiter la bourgeoisie, je serais volontiers d'avis qu'il y a assez de bourgeois dans le monde, et je m'en tiendrais à ce que je vois.

« Il en est qui croient que le jour du repos commencera pour le peuple au jour de l'émancipation. Et moi, je crois, au contraire, que c'est alors que commencera pour lui le vrai

(1) Edgar QUINET : *Avertissement au pays*, 1841.

LYON

A. STORCK & C¹ᵉ IMPRIMEURS-EDITEURS

8, Rue de la Méditerranée, 8

274

BIBLIOTHÈQUE
NATIONALE

CHÂTEAU
de
SABLÉ

1991

www.ingramcontent.com/pod-product-compliance
Lightning Source LLC
LaVergne TN
LVHW012109030726
842523LV00002B/822